名画里的
二十四节气 ④ 冬

文小通　编著

文化发展出版社
Cultural Development Press

·北 京·

序

二十四节气有"中国的第五大发明"的美誉，2016年被正式列入联合国教科文组织人类非物质文化遗产代表作名录。它为什么备受重视呢？

因为它是古人创造的一个科学奇迹。在古代，没有望远镜或人造卫星，人们单单凭借肉眼和智慧，发现了一些天体运动的规律，并根据地球绕太阳公转形成的轨迹，把一年分为二十四等份，每一等份为一个节气，从立春开始，到大寒结束，一共有二十四个节气。由于地球绕太阳公转一圈，需三百六十五天，所以，每隔十五天，有一个节气。汉朝时，古人把二十四个节气制定成历法，用来指导农事，预知冷暖雪雨等，今天，它仍在指导我们的生活。

七十二候

动植物、天气等随着季节变化而发生的周期性自然现象，就是物候。古人以五天为一候，每个节气有三候，二十四节气共有七十二候。古人会根据物候变化安排什么时候干什么活儿。

二十四风

从小寒到谷雨，共有二十四候，每一候都有花朵开放。古人选出二十四种花期较为准确的植物，确立为二十四风，也就是二十四番花信风。花信风能帮助古人掌握农时。

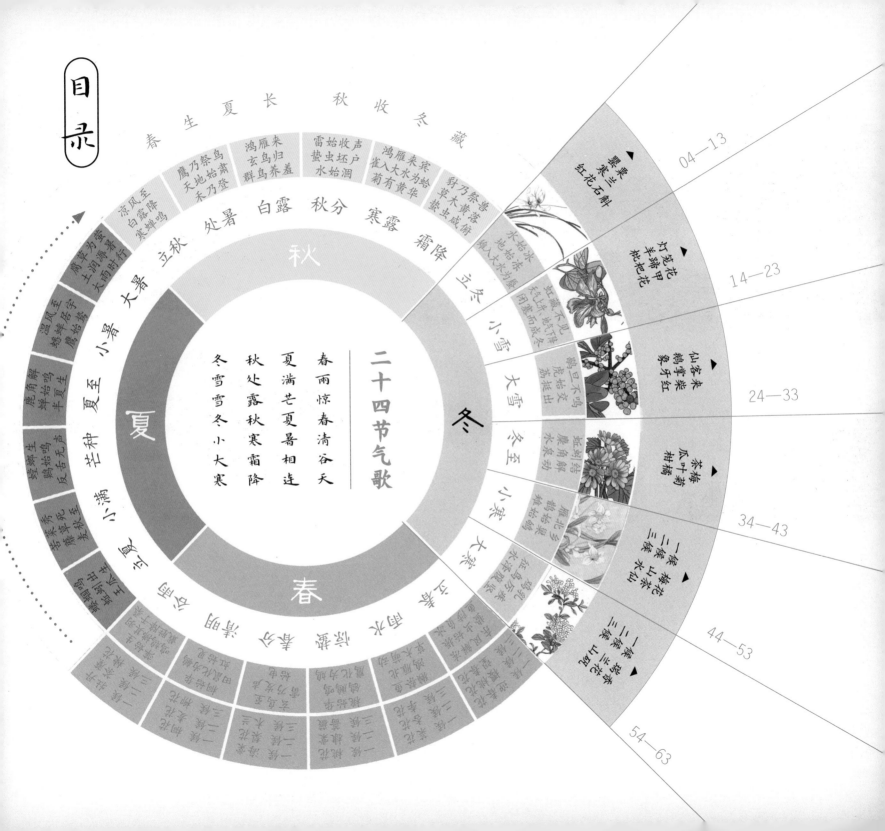

立冬

立冬这天，闪闪和布布在小溪边踢毽子。

只见布布转来转去，毽子上下飞舞，总是稳稳地落在她的脚上。轮到闪闪了，他使劲儿一踢——噢，踢得太远了，布布赶紧跑着蹦着去接。糟糕！没接到，毽子飞到山石后面，随之响起了一个含混的声音。

什么声音？

闪闪和布布相互看了一眼，然后，蹑手蹑脚地走到山石后面。

[明] 项圣谟《阆中山水图》

　　"啊！"闪闪和布布大叫了一声，随即，又飞扑过去，兴奋地叫道："你一定是冬神玄冥吧？叔叔好！"

　　树后站起来一个"大家伙"，人面鸟身，两只耳朵上各挂着一条青蛇。他说："你们好，你们是闪闪和布布吧？我正在等你们，只是不知道为什么，有人用这个暗器偷袭我……"玄冥疑惑地拿着毽子。

　　闪闪和布布大笑起来，争先恐后地告诉玄冥，他们也正在等他，以为他还没到，就踢起了毽子慢慢等待……

[清] 蓝瑛《溪山雪霁图》

认识立冬

新养夏花月白，忧叹雪藏前好

冬

[清] 陈枚《耕织图》

❖ "冬"的含义

立冬在每年公历 11 月 7 日至 8 日之间的一天到来。"立"是开始的意思，"冬"是"终止、藏匿"的意思。"立冬"就是冬天来了，万物进入收藏、休养的状态。立冬一到，就表示冬天开始了。这时候，粮食也都入仓储存了。

❖ 气候大"变脸"

立冬后，地表还储存着之前积蓄的热量，还不太冷，有的地方甚至会像春天一样暖和，这叫"小阳春"。不过，很多地方的风开始慢慢地"凶"起来，露在外面的手和脸也会感觉到寒意。随着寒风萧瑟，小草枯黄，大树也会变成"秃头"。

科学小馆

立冬这一天，地球转到离太阳较近的地方，太阳在黄经 225° 的位置，北斗七星的斗柄指向西北。

农事日历

冬

[明] 陈焕《枫野寒林图》

❖ 北方和南方

春季生长，夏季壮大，秋季收获，冬季休息。在北方，忙活了大半年的人们会在冬季休整，为来年养精蓄锐。而在还有农活要做的南方，此时正是"小阳春"，人们还在忙着秋收冬种。田地里的人一边收获，一边浸种，忙得热火朝天。

[清] 陈枚《耕织图》

❖ 神奇的菜窖

立冬后，要将红薯、萝卜、大白菜和土豆等蔬菜搬进菜窖。有的菜窖能挖两三米深，地下比地面暖和，能防止蔬菜被冻坏。

❖ 牲畜的小窝

牲畜也要保暖，要把栏圈修补严实，鸡窝、狗窝也垫上厚厚的干草或旧棉絮。

[清] 佚名《花荫卧犬图》

❖ 给果树"理发"

冬天，很多果树都进入了休眠期，但依然要剪掉枯枝、病枝，以便果树获得更多光照和营养，以使来年结出更好的果子。

一候　水始冰

立冬后，一些北方地区的河面上会结一层薄薄的冰，草叶上的露珠也变成了冰粒。而在南方，此时还是温暖的，小河里的水哗哗哗地流着。

二候　地始冻

要不了几天，土壤中的水分也开始结冰了。拿铲子铲一铲脚下的土，土壤已经不再是松松软软的了。

三候　雉入大水为蜃（shèn）

"雉"指野鸡一类的鸟，"蜃"是指大蛤蜊（gé lí）。立冬后，很难见到野鸡了，巧的是，此时海边会出现很多大蛤蜊，与野鸡的花纹和颜色十分相似，古人误认为，蛤蜊就是野鸡飞入大海变成的。

［明］吕纪《四季花鸟图》

［宋］刘松年《海珍图》

立冬
三候

冬

［宋］佚名《雪芦双雁图》

罂粟

罂粟的花果期在 3~11 月。明朝地理学家徐霞客在贵州第一次看到它时，赞美它丰艳不减芍药。元朝时，中医对罂粟的副作用已有认识，建议慎用。罂粟是制取鸦片的主要原料，不能随意种植。

[清] 郎世宁《仙萼长春图册·罂粟》

寒兰

地球上成员最多的兰花中包括寒兰。寒兰是地生植物，叶长如带，不喜阳光，能凌寒绽放，天越寒冷，花香越浓，有"兰花之王"的美誉。

[近现代] 张大千《兰花》

红花石斛（hú）

红花石斛长在树皮、树干上或石缝中，偏爱阴凉、半阴半阳的环境，从 3 月到 11 月，会不定时开花。不过，立冬以后，随着天气渐冷，红花石斛将渐渐进入休眠状态。

立冬花开

冬

[清] 柳遇《罂粟花图》

璀璨
风俗

冬

[清] 佚名《十二月令图》

❖ 贺冬

贺冬又叫"拜冬"。从汉朝起，人们会在立冬日换上新衣服，像过年一样聚在一起庆贺冬天来临。今天，这个风俗仍未消失，但庆贺方式有了改变，一些人甚至会用冬泳等方式迎冬。

❖ 弹棉花

在古代，人们缝制被褥前，要先弹棉花。弹棉郎拿着木槌击打弓弦，听一声声弦响，但见棉絮纷纷飞舞，棉花变得疏松；再把棉絮两面用纱布固定，压磨平整、坚实，就能缝进被面了。

[清] 佚名《耕织图》

❖ 烧香祭祖

在清代的立冬时节，粮食入仓，汉族和满族人家会烧香祭祖。汉族人家的祭祀叫"烧旗香跳虎神"，十分热闹；满族人家的祭祀叫"烧荤香"，仪式庄严肃穆。

❖ 补冬

立冬这天，忙碌了一年的人们要好好休息一天，一些地方有"立冬补冬，补嘴空"的说法，人们会进补人参、羊肉、鸡鸭肉等食材，为冬天好好补充热量。

❖ 饺子、羊肉火锅

饺子有"交子之时"一说，立冬是秋季和冬季之交，这天，在北方人家热气腾腾的锅里，一个个"白胖子"浮起来，就是最令人喜悦的时刻了。俗话说"北吃饺子南吃葱，铜锅羊肉好过冬"，人们还会在冬天吃羊肉，吃完全身暖乎乎的。

❖ 姜母鸭

闽南一些地区流行立冬吃姜母鸭。锅中放入老姜、低脂番鸭，再加入香料、米酒和香油慢慢熬炖，直至骨肉酥烂入味。

［清］佚名《十二月令图》

11

古诗词里的立冬

立 冬

[唐]李白

冻笔新诗懒写，寒炉美酒时温。
醉看墨花月白，恍疑雪满前村。

甲骨文里的立冬

　　想不到这个字就是甲骨文的"冬"吧？古时候，"冬"和"终"是同一个字，看起来就像一根绳子在两头各打了一个结，这表示绳子用完了，也就是"终"的意思。而冬天是一年中的最后一个季节，用这个字表示冬季，再合适不过了。

古籍里的立冬

　　《说文解字》："冬，四时尽也。"
　　大意：冬就是一年的时间快走到尽头了。

　　《月令七十二候集解》："立，建始也，冬，终也，万物收藏也。"
　　大意：立冬表示冬季开始，农作物都已经收藏入仓，动物也准备藏匿冬眠。

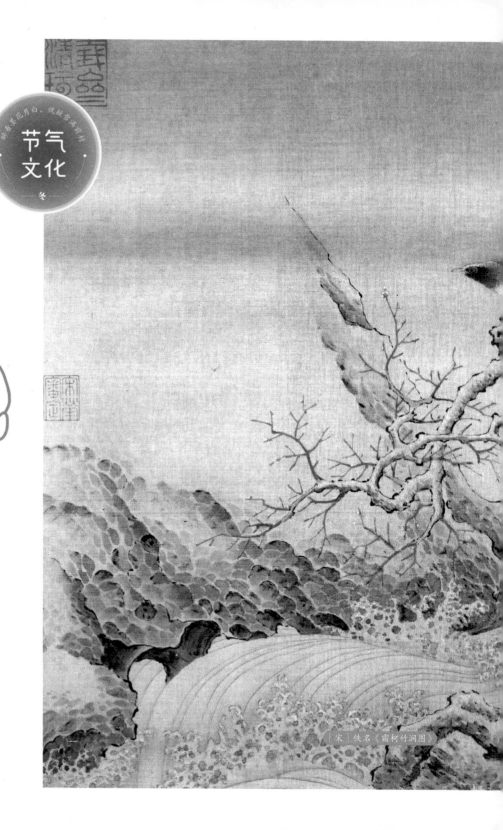

节气
文化

冬

[宋]佚名《霜柯竹涧图》

谚语里的立冬

立冬晴，一冬阴；立冬阴，雪迎春。

立冬一片寒霜白，晴到来年割大麦。

立冬晴，好收成。

立冬交十月，小雪河封上。

立冬无雨满冬空。

［明］陈洪绶《山水诗画册》

[唐] 杨昇《画山水卷》

小雪

"怎么还不下来？"闪闪焦急地望着天空。

"应该下来了啊。"布布也很着急。

"我早就下来了啊。"一个声音传过来。闪闪和布布回头一看，原来是冬神玄冥。

闪闪说："我们不是说你，是说雪！"

布布说："今天是小雪节气，我们是说会有小雪下来。"

两个人说完，就眼巴巴地盯着玄冥。玄冥歪了歪头，说道："看我也没用啊，温度不够低，雪下不来啊。"

　　突然，闪闪有了一个新发现，玄冥耳朵上的蛇不见了。他曾经给这两条蛇起了个昵称，叫"神小蛇"。布布也发现了，赶忙询问玄冥。玄冥告诉他们，北方的小雪时节已经很冷了，蛇非常困倦，请假去冬眠了，和青蛙等动物一样藏到窝里去了。

　　"它们会不会饿死啊？"闪闪问。

　　"不会的。它们的活动减少了，消耗的能量也少了，可以安全地过冬。"闪闪和布布听了，这才放下了心。

认识
小雪
冬

[明] 文伯仁《南溪草堂图卷》

❖ 为什么叫小雪

俗话说"小雪封地",每年公历11月22日至23日之间的一天就到了小雪节气。从这天开始,就有了下雪的可能。不过,雪不会很大,也不容易形成积雪。

科学小馆

小雪之日,太阳到达黄经240°的位置。

❖ 雨夹雪

"小雪雪满天,来年必丰年",小雪期间经常下雪就预示着来年雨水丰沛,不会大旱。冰雪还能冻死土里的病菌和害虫,让农作物能健康生长。但这时候的雪多为雨夹雪,出行时要带伞。

❖ 保暖防冻

小雪时节,由于寒潮和强冷空气活动频率很高,太阳也怕冷似的躲了起来,天空灰蒙蒙的,树木一片萧索。除了要穿厚衣服外,我们还要注意头部保暖。

❈ 冬天也要灌溉

"又冻又消，冬灌最好"，夜晚时候结冰，中午前后冰又化开，到晚上又结冰，这时候最适合灌溉。给冬小麦等农作物浇水，能让土壤保持湿润，还能让土里的害虫无处可逃。

［元］程棨《摹楼璹耕图》

❈ 给树保暖

小雪时节，冷空气开始发威，北方大部分地区都降到了0℃以下。虽然雪不是很多，但也足够提醒人们树木该保暖了。这时候，果树被包裹上了草绳，一些杨树、柳树等也被刷上了一米多高的白色石灰水，以保护它们不被冻伤。

❈ 大棚增温

小雪节气前后，中午时，要趁着温度升高，给大棚揭膜、透光，晒晒太阳，防止蔬菜受冻，还可以施肥喷药，提高蔬菜的抵抗力。

[清] 龚贤《山水八景》

一候　虹藏不见

彩虹一般出现在雨过天晴之后，但在小雪时节，彩虹就不见踪影了。这是因为彩虹是由小雨滴折射太阳光形成的，而在北方，空气中的水滴变成了雪，南方虽然还会下雨，但天气干燥，空气中含水量少，因此也很难出现彩虹。

二候　天气上升、地气下降

古人认为，小雪时节，天空中的阳气上升，大地中的阴气下降，这样一升一降，阴阳不交，失去平衡，万物便失去了生机。

三候　闭塞而成冬

树木萧萧，小草枯黄，很多动物都找到稍微温暖的洞穴躲了起来，冰天雪地，天地闭塞，这就是冬天了。

[宋] 王定国《雪景寒禽图》

18

小雪花开

冬

花香随风不限看，更多还请亲体验

灯笼花

灯笼花也叫倒挂金钟，是柳叶菜科草本植物，喜欢在 10~25℃ 的气温下生长，在小雪节气有时也会看到它们。灯笼花有红、白、紫等颜色，花形看起来像穿着裙子跳《天鹅湖》的少女。

羊蹄甲

羊蹄甲是豆科乔木或灌木，能抵抗 -3℃ 的低温，非常了不起。即便是小雪时节，在一些温度合适的地方，羊蹄甲也能开一阵子。

枇杷花

枇杷"秋日养蕾，冬季开花，春来结子，夏初成熟，承四时之雨露"。枇杷的每个花序可有 80 朵左右的黄白小花。

❖ 围炉博古

　　小雪时节，农活不像之前那么多了，人们常在家中休息。一些权贵人家会聚在一起围炉博古。

璀璨
风俗

冬

[清] 陈枚《月曼清游图》

❖ 腌菜

小雪时节，一些地方会有腌菜的习惯。人们在秋天时已在院子里拉上绳子晾晒青菜，如萝卜条、茄子条、豆角等，把这些干菜整整齐齐摆放进大缸里，再放入盐，等待个把月，菜就腌制好了。北方的酸菜是用新鲜的大白菜腌成的，南方的酸菜则是用芥菜等腌成的。

以前，因为新鲜蔬菜放久了会腐烂，人们在冬天没有菜吃，所以发明了腌菜。

我以后再也不会偷偷把青菜扔掉了。

❖ 酿酒

在古代，小雪是酿酒的好时节。人们用新收获的粮食酿酒，并将酒命名为"小雪酒"。"小雪酒"储存到第二年，酒色清澈，味道甘冽。

❖ 晒鱼干

沿海地区在小雪时节会晒鱼干，人们把捕到的鱼晾晒风干，以便在过冬时吃。用晒好的鱼干煮汤，味道十分鲜美。

❖ 吃糍粑

南方一些地方有小雪时节吃糍粑的习俗。人们把煮熟的糯米放到石槽里，用木槌用力捶打，捣成泥状，然后拉成长条或揉成一团。水煮也可，油炸也可，或撒上坚果，或淋上糖浆，味道好极了。

❖ 吃刨汤

小雪前后，土家族人民会"杀年猪，迎新年"，用新鲜猪肉煮成"刨汤"。"刨汤"和东北的猪肉血肠炖酸菜很像。

[明] 沈士充《郊园十二景图》

古诗词里的小雪

小 雪

[唐] 戴叔伦

花雪随风不厌看，更多还肯失林峦。
愁人正在书窗下，一片飞来一片寒。

甲骨文里的小雪

"雪"字的上面是雨，下面是一双手。大致意思是，雪是雨的凝结，雪花从空中飘落而下时，可以用双手接住。

[明] 卞文瑜《溪山写胜册》

谚语里的小雪

小雪不见雪，来年长工歇。

小雪无云大旱。

夹雨夹雪，无休无歇。

小雪见晴天，雨雪到年边。

小雪收葱，不收就空。

古籍里的小雪

《群芳谱》："小雪气寒而将雪矣，地寒未甚而雪未大也。"

大意：小雪时节，天气寒冷，天将要下雪；但地面还不是特别寒冷，雪也不大。

［元］赵原《摹王维江山雪霁图》

大雪

大雪过后，不知谁堆了好几个可爱的雪人。闪闪和布布玩了一会儿，就打起了雪仗，大雪球，小雪球，你扔我，我扔你，好开心啊。

"快来……救我……"突然，他们隐约听到一个声音，像是冬神玄冥在呼唤他们。

在哪里呢？他们四处张望，胡乱奔跑，到处寻觅。

猛然间，闪闪想起那几个雪人，莫非玄冥藏在了雪人里？

闪闪和布布仔细观察每一个雪人，在最后一个雪人跟前，他们发现雪人在眨眼睛。

是玄冥！闪闪和布布急忙往下剥雪。

玄冥的身体慢慢地露了出来。闪闪和布布急忙问他为什么会藏到雪人里。玄冥深吸了一口气，说自己本想在雪人里休息一会儿，没想到睡着了。由于自己的身体会随着天气降温而变冷，自己快被冻僵了，幸亏他们及时赶来……

原来是这样，闪闪和布布紧紧地抱住了玄冥，有一种失而复得的感觉。

节气歌：大雪，清晨瓦上霜

冬

[清] 萧晨《丰年瑞雪图》

❖ 为什么叫大雪

每年公历 12 月 6 日至 8 日之间的一天，就是大雪节气。此时，鹅毛大雪翩然而至，雪又大又多，下雪的范围也广，所以叫大雪。

❖ 北国风光

"北国风光，千里冰封，万里雪飘。"大雪时节，北方的房前屋后都是雪，人们要扫雪，把道路清理出来，小孩子则跑到雪地里尽情玩耍。由于地面容易打滑，人们走路时都小心翼翼，即便这样，也经常有人摔得四脚朝天。

❖ 下雪的好处

积雪覆盖大地，能让地面和农作物的温度不会降得太低，雪中含有的氮化物是雨水的五倍，能让田野更肥沃。融化的雪水还能滋润土壤。"今冬麦盖三层被，来年枕着馒头睡。"人们看着地上的雪，就像看到了来年的丰收，笑容格外灿烂。如果大雪时雪下得少，人们就会很担忧。

科学小馆

大雪之日，太阳到达黄经 255°。

26

❖ 培土壅（yōng）根

大雪时节，天寒地冻，很多农作物和果树都在越冬，农活寥寥无几。虽然是农闲休养的时候，但在一些地区，还是要松土，把土盖在冬小麦的根部，使土壤透气，让冬小麦更好地过冬。

❖ 灌溉与追肥

虽然下了大雪，但有些地方还可能缺水，需要及时引水浇灌农田。南方会比北方温暖些，小麦和油菜还在缓慢生长，可以给它们追加肥料。

[元] 程棨《摹楼璹耕图》

❖ 牛圈、鸡窝

大雪过后，要扫掉房顶的积雪，牛圈、鸡窝也不能放过。如果牛圈、鸡窝被积雪压塌，家畜受害，损失就大了。

农事日历

冬

夜气方销逢大雪，清晨瓦上雪微薄

[清] 蓝瑛《仿王维雪溪图》

27

大雪
三候

冬

一候　鹖旦（hé dàn）不鸣

　　鹖旦就是寒号鸟，学名复齿鼯鼠，为啮齿类动物。它们喜安静，会滑翔，天气寒冷时，就不再鸣叫了。有一个关于寒号鸟的故事，说它们懒惰不想筑巢，被冻死了。实际上它们会在高大乔木上或陡峭岩壁的裂隙、石穴中筑巢，巢里铺干草，巢口用柴草封闭，以阻挡寒风。

二候　虎始交

［近现代］张善孖 张大千《群虎啸谷图》

　　大雪纷飞时，老虎会寻找伴侣。有时，一只雌虎会有多个追求者，这时就要进行"比武招亲"。获胜的雄虎作为勇猛的"英雄"，会与雌虎交配，繁育后代。

三候　荔挺生

　　寒冬时节，万物沉寂，大地白茫茫一片，一种叫荔挺的兰草却勇敢地抽出新芽。荔挺的叶如蒲草般细小，根部坚硬。

节气万物连大雪，清晨无上雪底莲

大雪花开

冬

[元] 郭畀《雪竹卷》

仙客来

仙客来也叫萝卜海棠、兔耳花、翻瓣莲等，是报春花科草本植物。花朵会在大雪前后盛开，像兔子的耳朵。它们深绿色的叶子上有浅色斑纹，这可能是一种破坏性伪装，为保护自己不受动物伤害。

鹅掌柴

鹅掌柴 11~12 月会开出淡红色的小花，结出珠子一样的果实，非常美丽。叶片还能吸收有害物质，经常被图书馆、博物馆"请"去摆放。鹅掌柴还是南方冬季的蜜源植物。

象牙红

象牙红为蝶形花亚科刺桐属植物，从初夏开花，能一直开到冬天。它们先花后叶，花形如象牙，颜色艳红。大雪时节，在万木凋零中，出现一棵棵仿佛摇曳着火焰的树，令人精神抖擞起来。

❖ 赏雪、冰嬉

冰雪世界充满神秘感，还有雪松可观赏。但孩子们最喜欢的还是打雪仗、堆雪人、滚雪球、溜冰、坐冰车等。小伙伴们你追我躲，一个个冻得鼻子通红，笑容却非常灿烂。

❖ 夜作

大雪时，白天变短，黑夜变长。在古代，人们会干一点儿手工活儿，或纺织，或刺绣，直到深夜。

[宋] 王居正《纺车图》

❖ 红薯粥

红薯粥是一些地区在大雪时节必备的粥，香甜可口，捧在手里暖暖的，喝进胃里也暖暖的。大雪时节还可以喝姜枣汤，抵御严寒。

璀璨风俗

冬

[清] 钱维城《御制雪中坐冰床即景》

❖ 吃饴糖

古代会有卖饴糖的小贩走街串巷,一边敲锣一边吆喝叫卖,声音传来时,孩子们幸福的时刻就到了。他们会迅速跑过来,围着小贩,眼巴巴地等大人付完钱,赶紧把饴糖放进嘴里,甜蜜的味道,刚好解嘴馋。

❖ 腌腊肉

"未曾过年,先肥屋檐""小雪腌菜,大雪腌肉"。一到大雪节气,人们就忙着腌制"咸货"。把盐、八角、桂皮、花椒等调料涂抹在肉上,反复揉搓,再把肉和盐放进缸里,用石头压住,一段时间后把肉取出,晾晒到屋檐下,到春节就能吃了。

古诗词里的大雪

江 雪

［唐］柳宗元

千山鸟飞绝，万径人踪灭。

孤舟蓑笠翁，独钓寒江雪。

甲骨文里的大雪

"瑞雪兆丰年"的"兆"字，在甲骨文里的写法就像物体有了裂纹一样。古人占卜时，会烧龟壳，然后根据灼烧后的裂纹判断凶吉，这叫"卜兆"。大雪时节，鹅毛大雪飘然而至，人们预判来年会丰收，所以是瑞雪"兆"丰年。

谚语里的大雪

瑞雪兆丰年。

大雪不冻倒春寒，大雪不寒明年旱。

大雪不冻，惊蛰不开。

雪盖山头一半，麦子多打一石。

冬雪一层面，春雨满囤粮。

节气文化

节气历朝走大雪，清晨瓦上雪微融

冬

古籍里的大雪

《群芳谱》："大雪，十一月节，言积寒凛冽，雪至此而大也。"

大意：大雪时节，天气逐渐寒冷，空气凛冽，雪在这时候开始大了。

［明］陈洪绶《雪蕉图》

［明］项圣谟《雪影渔人图》

暮晝船中流泛、小如蓮葉
壺去一斤清寒萬里天

辛丁春月 玲珊題

[明] 陆治《寒江钓艇图》

[五代] 佚名《雪渔图》

冬至

　　"一九二九不出手，三九四九冰上走，五九六九沿河看柳，七九河开，八九燕来，九九加一九，耕牛遍地走！"冬神玄冥轻轻吟唱着。

　　"这是你新学的歌吗？"闪闪问。

　　"是数字歌吧？"布布说。

　　"不，"玄冥收拢了翅膀，"这是九九歌。"

　　玄冥告诉他们，在漫长而寒冷的冬天里，古人根据节气特点发明了"数九"，又叫"冬九九"，就是从冬至这天开始计算，每九天算一"九"，当数到九个"九"（八十一天）时，就是春暖时节，可以春耕了。

当玄冥告诉闪闪和布布古人还发明了九九消寒图时，他们都好奇地睁大了眼睛。

玄冥说："人们根据数九画出了九九消寒图，它相当于一个日历，也叫'画九'。就是在纸上画一截梅枝，上有九朵梅花，每朵九个花瓣，一共八十一个花瓣，每天给一个花瓣染色，染完八十一个花瓣，春天就来了。"

布布跳了起来，叫道："我明白啦，这是古人对春天的期盼。"

"我也盼望春天！"闪闪也跳起来。

〔清〕励宗万《探雪图卷》

❖ 最漫长的一夜

冬至一般在每年公历 12 月 21 日至 23 日之间的一天到来。这一天，北半球迎来最漫长的一个夜晚，因此，冬至也叫"长至夜"。过了冬至，白天会越来越长，黑夜会越来越短。

❖ 难熬的寒冬

冬至以前，地面还有一点点余热，冬至以后，就一天比一天寒冷了。古代没有暖气、空调等，过冬非常煎熬，因此，古人殷切盼望冬天快点过去。于是，他们从冬至这天开始数九，每数过一天，就感觉离暖春又近了一点。

科学小馆

冬至这天，太阳到达黄经 270°，太阳光直射南回归线，是北半球白天最短、黑夜最长的一天。冬至过后，太阳将走"回头路"，太阳直射点向北移动。我们所在的北半球，白天会逐渐变长。

认识冬至
天朗晴色满烟波，名就相伴共事无
冬

[宋] 燕文贵《仿王维江干积雪图卷》

[清]陈枚《耕织图》

❖ 农田管理

江南地区，冬至前后水分较多，农田要做好清沟排水，以免冬作物被淹了。有些没来得及耕种的土壤，已经结成一块块硬土块，要抓紧翻耕，疏松土壤。

❖ 灭虫

虽然天气寒冷，但仍有害虫蛰伏，危害冬作物，这时还需要灭虫。

❖ 保护家禽

白天在变长，暖意在酝酿，这个时候的家禽容易感染疾病，要注意防范。

[宋] 佚名《乌柏文禽图》

一候　蚯蚓结

冬至时，人们可以烤火取暖，但动物就没有这么好的待遇了。蚯蚓会蜷缩着身子，像一团绳结，窝在土里过冬，直到温暖的春天来临时，才会伸展身子，出来活动。

二候　麋角解

麋鹿长相特别，头似马，身似驴，蹄似牛，角似鹿，有"四不像"之称。每年冬至前后，麋鹿头上的角会自然脱落。脱角之后随即长出鹿茸，鹿茸不断生长，至第二年夏天再次长成鹿角。

[清] 金昆《九鹿图》

三候　水泉动

冬至时节，很多河水都结了冰，但深埋在地下的水和山中泉眼的水还在流动。

茶梅

冬至是赏茶梅的好时候。茶梅是山茶科小乔木，叶似茶，花如梅，能从 11 月开到第二年 3 月。花有白色和红色。宋朝刘仕亨写的"小院犹寒未暖时，海红花发昼迟迟"中的"海红"指的就是茶梅。

瓜叶菊

瓜叶菊是菊科植物，花色艳丽。身为草本小花，单薄弱小，却能在凛冽寒风中展现生机，显示了生命的顽强坚韧。

柑橘

柑橘是芸香科植物，比较耐寒，在 12 月也能结果。2000 多年前，战国诗人屈原曾写下《橘颂》，专门赞美柑橘。

冬至花果

天街晴色暖烟浓，名纸相传衣笑容

冬

[南朝梁] 张僧繇《雪山红树图》

［清］佚名《雍正帝祭先农坛图》

❖ 冬至节

　　古人认为，过了冬至，白天变长，阳气上升，离春暖近了，所以将它看作吉日，有"冬至大过年"的说法。古人会放假，边塞会闭关，商旅也暂停，大家相互拜访、聚餐，一起过节。今天，江南一些地方仍有过冬至夜的习俗，全家人欢聚一堂，吃团圆饭，有点儿像春节吃年夜饭。

❖ 祭天、祭祖

　　皇帝会在冬至日带领大臣到郊外祭天，百姓则会祭祖，家家户户准备好丰盛的美食，纪念去世的先人。

璀璨
风俗

［唐］李思训《京畿瑞雪图》

❖ 冬至面

"吃了冬至面，一天长一线"，在安徽一些地方，人们会在冬至日吃冬至面。

❖ 吃饺子，喝馄饨，粘汤圆

在北方，饺子是冬至必不可少的食物。一些地方还有冬至吃馄饨的习俗，不仅把馄饨吃光，还把汤汁也喝光，因此又叫"喝馄饨"。闽南、潮汕地区的人还会在门、窗、桌、橱等地方粘上两颗汤圆，甚至连渔船的船头也要粘两颗，以祈求团圆平安。

❖ 吃萝卜

"冬至吃萝卜，赛过小人参"，天气干燥，吃些白萝卜能增强免疫力。

[近现代] 齐白石《蔬果草虫》

❖ 赠鞋

冬至有赠送鞋子的习俗。古时赠鞋还有很多要求，送给女孩的多为花鸟图案，送给男孩的多为猛兽图案，祈愿孩子能平安长大。

[清] 佚名《十二月令图》

节气
文化
冬

古诗词里的冬至

邯郸冬至夜思家

[唐] 白居易

邯郸驿里逢冬至，抱膝灯前影伴身。

想得家中夜深坐，还应说着远行人。

谚语里的冬至

冬至没打霜，夏至干长江。

阴过冬至晴过年。

冬至不冷，夏至不热。

冬至无雪刮大风，来年六月雨水多。

冬节夜最长，难得到天光。

[明] 张宏《蓉溪山行旅图》

甲骨文里的冬至

　　甲骨文的"至"，上面是一支箭，下面的一横仿佛是地面。箭落到地上，就是"至"，也就是"到了"的意思。远古时，原始人用的箭，有用石头磨成的树叶状箭头，也有用骨头磨制的三角形箭头。现在的"至"，已经看不出箭落在地上的形迹，只剩下代表地面的横线，但仍是"到达"的意思。冬至到了，春天也快来了。

古籍里的冬至

　　《汉书》："冬至阳气起，君道长，故贺。"

　　大意：冬至时，阳气升起，白天从此越来越长，所以值得庆贺。

小寒

小寒来了，梅花一树一树，红花白雪，美如仙境。布布非常高兴，邀请闪闪和冬神玄冥一起学着古人的样子踏雪寻梅。

布布问玄冥："古人踏雪寻梅是为了折花吗？"

玄冥点点头说："可以折花插瓶，给书房增添一缕清香；可以借此寻觅诗句；更可以单纯地踏踏雪、赏赏梅。总之，古人也非常优雅。"

玄冥提议，大家可以像古人那样吟咏诗句。

"好啊，我们也来一个古诗词大会！"闪闪跳起来。

"墙角数枝梅，凌寒独自开。"布布抢先说出了第一句。

"遥知不是雪，为有暗香来。"闪闪不甘示弱。

"梅须逊雪三分白，雪却输梅一段香。"玄冥说。

"忽如一夜春风来，千树万树梨花开。"布布说。

"孤舟蓑笠翁，独钓寒江雪。"闪闪说。

"风雪夜归人。"

"大雪满弓刀。"

....

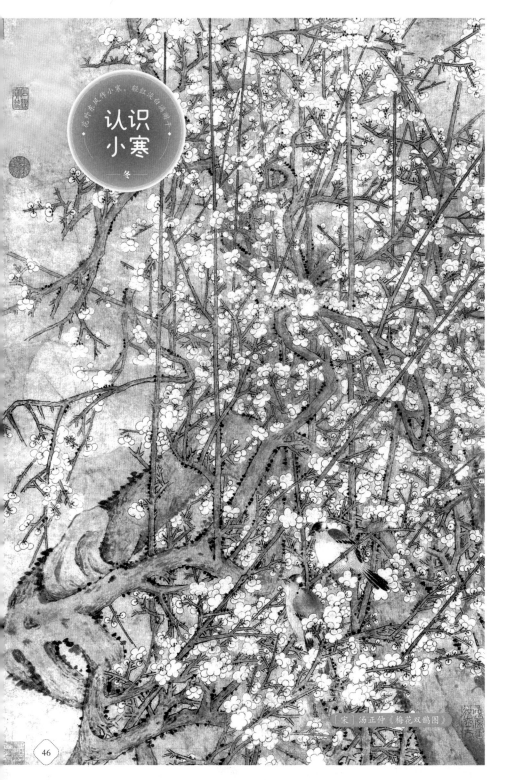

宋 | 汤正仲《梅花双鹊图》

❖ 还没冷到极点

小寒是反映气温变化的节气。每年公历 1 月 5 日至 7 日之间的一天，小寒就到了。"小寒大寒，冻成一团。"但古人认为，此时的温度还没有冷到极点，所以就把这个节气称为"小寒"。

❖ 小寒和大寒

小寒一般是在"二九"到"三九"的时段，在北方一些地区，有时小寒比大寒更冷。谚语"天寒地冻冷到抖"，说明了小寒的寒冷程度。但在南方一些地区，大寒仍然是最冷的。

❖ 最冷的"三九"

小寒日一过，就是最冷的"三九"天了，在东北地区，泼水可以成冰。这时候，地面上有很多积雪，河面上也结了很厚的冰，孩子们拖着冰车在冰上玩耍，大人则在冰上凿洞捕鱼。

科学小馆

小寒之日，太阳转到了黄经 285° 的位置，直射点还在南半球，所以，北半球非常寒冷。

农事
日历
冬

[清] 董邦达《灞桥觅句图》

❖ 清理树枝积雪

大雪过后，果树上会覆盖很多雪。人们要用力摇落每一棵树上的积雪，防止树枝受冻，也防止树枝扛不住积雪的压力而折断。

❖ 动物保暖、补充营养

北方很多地区都在歇冬，但要经常检查菜窖、鸡舍、羊圈等是否漏风，如有窟窿，要堵上厚厚的干燥稻草。由于百草枯折，没有新鲜青草，还要给牲畜补充饲料。

❖ 帮助农作物越冬

小寒时节气温低，越冬的农作物容易被冻伤、冻死，因此，要及时防冻。

一候 雁北乡

小寒时，北方还是冰天雪地，但大雁已敏锐地感觉到春天的脚步近了，于是从南方飞回北方的故乡。同伴体力不支时，它们会用叫声进行鼓励。

二候 鹊始巢

鹊就是喜鹊，为鸦科鸟类，喜欢把巢搭在民宅附近。古人把喜鹊视为吉祥的象征，出门看见喜鹊就是"开门见喜"，喜鹊落在梅花树上就是"喜上眉（梅）梢"。小寒前后，喜鹊感知到气候的细微变化，会衔草筑巢，为开春时孕育宝宝做准备。

[宋] 李成《寒鸦图》

三候 雉始雊（qú）

雉指野鸡，雊指野鸡的叫声。小寒时节，野鸡开始鸣叫求偶，准备在春天繁衍下一代。传说，汉高祖刘邦为避吕后的名字"雉"，下令把雉叫野鸡。

[明] 吕纪《草花野禽图》

小寒三候
冬

[宋] 李成《寒鸦图》

小寒
花信
冬

[清] 佚名《缂丝乾隆御制诗花卉册》

一候　梅花

严寒季节，百花"不敢"开放时，梅则会绽放或白或红的花朵。古人赋予了梅高洁坚毅的品质，梅与兰、竹、菊并称"四君子"，与松、竹并称"岁寒三友"。

[清] 余穉《花鸟图册》

二候　山茶

小寒前后，山茶花在冰天雪地中绽放，花多为红色，也有白色。山茶能从寒冬一直开到暖春，是冬春季的主要蜜源植物。不过，山茶花蜜中含有聚糖，有时会使蜜蜂中毒。

[宋] 林椿《山茶霁雪图》

三候　水仙

水仙是石蒜科植物，唐朝时期从意大利引进，白瓣黄蕊，丽质天生，素洁幽雅，与梅花、山茶花、迎春花并称"雪中四友"。水仙可吸收噪声、废气等。

璀璨
风俗

冬

❖ 采冰做冰雕

小寒时节，东北地区天寒地冻，河里的冰层有的厚达几米。采冰人走到冰面上切割冰块，然后运回去，雕成各种各样的东西，如装物品的器皿、可爱的动物、神话人物等。

❖ 冰嬉

小寒期间，孩子们有各种玩乐项目，如打雪仗、滑雪、滚雪球、堆雪人、滑冰车等。

❖ 腊八节

每年农历的十二月初八，就是腊八。有一句谚语为"小孩小孩你别馋，过了腊八就是年"。可见腊八拉开了过年的序幕。人们会在腊八这天用粳米、红豆、花生、核桃、桂圆、枣、莲子等食材熬成热乎乎的粥，还会用醋浸泡腊八蒜。

[清] 张为邦·姚文翰《冰嬉图》

❖ 菜饭、糯米饭、黄芽菜

小寒日，一些南京人会煮"菜饭"，就是在糯米中加咸肉片、香肠片或板鸭片，再加入矮脚黄青菜、生姜粒等焖煮成饭。

广东一些地区会吃糯米饭，就是把糯米、腊肠腊肉、花生、香菇、虾米、叉烧等一锅蒸煮。糯米饭还没端上桌，香味就把小孩的馋虫勾出来了。

黄芽菜就是大白菜的菜芯，因为菜芯被包裹在菜帮子里，见不到太阳，颜色是很浅的黄色，就像嫩芽一样。一些天津人会在小寒吃黄芽菜。

古诗词里的小寒

寒夜

［宋］杜耒

寒夜客来茶当酒，竹炉汤沸火初红。
寻常一样窗前月，才有梅花便不同。

金文里的小寒

"寒"字上面是房屋，里面是人，下边是人的脚，脚下的两横是冰雪，人周围还有干草，但外面天寒地冻，干草也没有用，躲在屋子里的人被冻得直跺脚。这个"寒"字，形象地表现了古人过冬的寒苦情状。

古籍里的小寒

《历书》："斗指戊，为小寒，时天气渐寒，尚未大冷，故为小寒。"

大意：北斗七星的斗柄指向戊位时，就是小寒。这个时候，天气渐渐寒冷，但还没有到最冷的时候，所以称为小寒。

节气
文化
冬

谚语里的小寒

小寒胜大寒，常见不稀罕。
大雪年年有，不在三九在四九。
三九不封河，来年雹子多。
小寒鱼塘冰封严，大雪纷飞不稀罕。
腊七腊八，冻裂脚丫。

［清］恽寿平《万横香雪图轴》

［清］冷枚《雪艳图》

［清］冷枚《人物图》

冬神玄冥身体散发的寒气越来越重了，闪闪和布布一靠近他，就冻得浑身发抖。闪闪对玄冥说："你应该去夏季，可以给我们冻很多冰棍吃。"

玄冥说："我永远去不了夏季，因为我会中暑，然后消失。"

夏季如此美丽，玄冥却无法看到，这让闪闪和布布倍感遗憾。突然，他们意识到，玄冥现在也要"消失"了，因为大寒节气到了，玄冥要乘冷气流返回神邸了。

闪闪和布布希望明年冬天还能和玄冥见面，玄冥说很愿意再见到他们。这时，一缕冷香飘来，玄冥飞到半空，恍惚间，融入一片雪花中。

闪闪和布布情不自禁地呼喊玄冥，但天地间飞雪繁密，哪一片才是玄冥呢？闪闪越发焦急，更加大声地呼喊……在呼喊声中，闪闪猛地睁开眼睛，发现自己居然躺在家里的床上。难道之前的一切都是梦境？

是不是呢？大概只有闪闪自己才知道。

大寒

［清］弘旿《千林瑞雪》

平生玉育波瀟古餘學
吳綵琴好是空傳粉
逢教阿凍一揮毫
滯過禪宮叩泥潭个來
禾登多謝山靈示相悟
米登全體雲銀錢搖芋
將全體雲銀錢搖芋
九香積廚山俗消靈合
脫詩積禪契雲条形色不
畫中如是圖
慧迴奎經鎮海寺積
在林四峰靈宇天絲
意日希俗臣富之註題

[明] 孙枝《踏雪访友图》

银海光中清蒼等薄·金素

[清] 张若澄《镇海寺雪景轴》

❖ 浓浓的年味

"过了大寒，又是一年。"这个"年"指的是农历年，大寒之后，就迎来了一年一度的春节，因此，大寒前后已经弥漫着浓浓的年味了。人们忙着赶集、备年货，准备迎接新年。

❖ 冰天雪地的模样

大寒还处于"三九天"，我国大部分地区都刮着凛冽的北风，积雪久久不化。冰天雪地中，人们说话时能看到白色哈气。为防止冻伤，人们会"武装"上手套、围巾、帽子等。

❖ 最后一个节气

大寒通常在每年公历 1 月 20 日左右，它的名字表示天气寒冷已经到达极点，所以叫"大寒"。

科学小馆

大寒之日，太阳走到黄经 300° 的位置。

认识大寒

冬

[清] 袁江《梁园飞雪图》

[明] 萧云从《雪岳读书图》

❖ 北方和南方的不同

我国南北地域跨度大，同是大寒节气，不同地域有不同的农事活动。北方冰天雪地，没有太多的农活儿，大都在歇冬。南方则要注意给小麦、油菜等作物追加肥料。

❖ 移栽

蔬菜大棚里的幼苗已经长结实，需要移栽。可以在晴天的上午把甘蓝和小番茄的幼苗进行移栽，注意要给幼苗保温。

❖ 侍弄幼苗

有些幼苗先天不足，营养不良，加上"年幼"、脆弱，不能粗暴地施用化肥，要在幼苗旁边挖一条沟，把鸡粪肥铺进去，再用土掩埋，及时浇水，这样就能给幼苗补充营养了。

[清] 王翚 杨晋等《康熙南巡图》

[明] 朱瞻基《子母鸡图》

一候 鸡乳

"咯咯哒……"鸡下蛋后一般会叫一阵儿，似在炫耀成果。但在大寒时节，下完蛋的母鸡会趴在窝里耷拉着翅膀，不叫也不怎么吃东西，这是在"抱窝"。母鸡提前感知到春天的气息，在窝里孵化小鸡崽。

[明] 殷偕《海青击鹄图》

二候 征鸟厉疾

征鸟指鹰这类能远飞的鸟。到大寒时，征鸟需要更多的食物来补充能量，它们盘旋在空中搜寻猎物，发现目标后迅猛地从空中俯冲而下捕捉猎物。

旧雪未及消，新雪又拥户

大寒三候

冬

三候 水泽腹坚

大寒冷到极点，水域中的冰从岸边一直冻到水中央，十分坚实，基本上冻透了。

一候　瑞香

瑞香是常绿灌木，花香芬芳浓烈。传说庐山有一位僧人，白日小睡时被浓香熏醒，循香而去，见一花木，便起名为睡香。睡香盛开在春节前后，人们觉得祥瑞，便改叫瑞香。又因为瑞香开在群芳消歇时，香味是混合型，又被称为夺香花。

［宋］李嵩《花篮图》

二候　兰花

兰花是中国传统名花。纤细娇小的模样，十分惹人怜爱。兰花喜欢阴凉、湿润的环境，最怕太阳直射，花叶纤纤，具有高洁淡雅的气质。

［清］余穉《花鸟图》

三候　山矾

山矾开的小白花，有细密纤长的花蕊，宛如天真无邪又含羞带怯的小姑娘。"山矾"这个名字是宋朝诗人黄庭坚起的。黄庭坚曾在江南见到这种香气扑鼻的植物，却忘了名字，于是根据它不需要矾石就能染色的特质，叫它山矾。

［清］董诰《二十四番花信风图》

❖ 扫尘，买年货，过春节

过了小年，春节更近了，人们会彻底打扫屋里屋外，即扫尘，扫去晦气。很多人都去赶集、买年货，等大年三十时，贴春联和福字、挂灯笼、放爆竹。晚上就是除夕夜，全家人聚在一起吃年夜饭，守岁。第二天大年初一，则走亲访友，相互拜年。孩子们可以尽情地吃喝玩乐，还能收到压岁钱。古人认为，压岁钱可以压住邪祟，保佑平安。

❖ 小年

小年也叫灶神节。每年腊月二十三，传说灶王爷会去天庭，向玉皇大帝禀报每户人家的善恶，让玉皇大帝赏罚。因此，人们会在这天祭灶。祭品有灶糖，是为了让灶王爷吃糖后，能在天庭说好话。

❖ 磨豆腐

腊月二十五，很多地方会磨豆腐，将精心挑选的黄豆压磨成豆腐，再制成豆腐干、豆腐脑等。

❖ 吃糯米、年糕

民间有大寒节气吃糯米的风俗，糯米中加入大米、赤小豆、红枣、莲子等，蒸煮后软糯香甜。北京人则喜欢"大寒吃消寒糕"，"消寒糕"就是年糕的一种。在大寒这天吃年糕，有"年年平安、步步高升"的寓意。

璀璨
风俗
冬

〔清〕姚文瀚《岁朝欢庆图》

［清］佚名《十二月令图》

[明] 文徵明《关山积雪图》

古诗词里的大寒

大寒吟 (节选)

[宋] 邵雍

旧雪未及消，新雪又拥户。
阶前冻银床，檐头冰钟乳。

甲骨文里的大寒

甲骨文中的"冰"字，形状像两个冻成冰凌之后的冰块，令人不由得想起乡下房檐、水管上挂着的冰柱，一根根晶莹剔透，在阳光下闪烁着光芒。

[明] 文徵明《关山积雪图》

谚语里的大寒

大寒不冻，冷到芒种。

大寒到顶点，日后天渐暖。

大寒不寒，春分不暖。

过了大寒，又是一年。

南风打大寒，雪打清明秧。

古籍里的大寒

《历书》："小寒后十五日，斗指癸，为大寒，时大寒栗烈已极，故名大寒也。"

大意：小寒过后的第十五天，北斗七星的斗柄指向癸的位置，这就到了大寒，这时候寒气令人战栗，猛烈至极，所以才叫大寒。

图书在版编目（CIP）数据

名画里的二十四节气. 4，冬 / 文小通编著. —— 北
京：文化发展出版社，2023.4
ISBN 978-7-5142-3977-5

Ⅰ . ①名… Ⅱ . ①文… Ⅲ . ①二十四节气－少儿读物
Ⅳ . ①P462-49

中国国家版本馆CIP数据核字(2023)第045892号

名画里的二十四节气 4 冬

编　　著：文小通

出 版 人：宋　娜　　　　　责任印制：杨　骏
责任编辑：孙豆豆　刘　洋　　责任校对：岳智勇
策划编辑：鲍志娇　　　　　　封面设计：于沧海
出版发行：文化发展出版社（北京市翠微路2号 邮编：100036）
网　　址：www.wenhuafazhan.com
经　　销：全国新华书店
印　　刷：河北朗祥印刷有限公司

开　　本：889mm×1194mm　1/16
字　　数：41千字
印　　张：16
版　　次：2023年5月第1版
印　　次：2023年5月第1次印刷

定　　价：196.00元（全四册）
I S B N：978-7-5142-3977-5

◆ 如有印装质量问题，请电话联系：010-68567015